小学生宇宙与航天知识自主读本 6-10岁适读

# 宇宙我知道

运载火箭

景海荣　著
庄国京　审定

U0221121

中国宇航出版社

·北京·

# 目录

（图源：中国航天科技集团）

# 什么是运载火箭？

运载火箭是把人造卫星、载人飞船、空间探测器或者空间站等送上太空的运输工具。根据任务的不同，可以选择不同运载能力的火箭和不同的飞行轨道，以及不同的发射时间。

运载火箭运送的东西被称为"有效载荷"，它的大小和质量，反映了火箭的运载能力。发射次数的多少体现了一个国家进入太空的能力。

## 长征五号

高度：56.97 米

芯级直径：5 米

近地轨道最大

有效载荷：25 吨

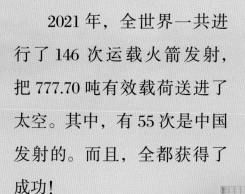

2021 年，全世界一共进行了 146 次运载火箭发射，把 777.70 吨有效载荷送进了太空。其中，有 55 次是中国发射的。而且，全都获得了成功！

**长征二号 F**

高度：58.34 米

芯级直径：3.35 米

近地轨道最大

有效载荷：8.80 吨

摄影：Tea-tia

创　新　超　越

5

# 运载火箭的分类

## 按燃料分类

### 固体火箭

### 液体火箭

### 固液混合型火箭

长征十一号

长征七号

长征六号改

这么多运载火箭，如果只说大火箭、小火箭，也太幼稚了吧？怎么分类才能分清楚呢？别着急，我们可以按照两个标准来把运载火箭准确分类。请仔细看看下面的思维导图，你就明白了！

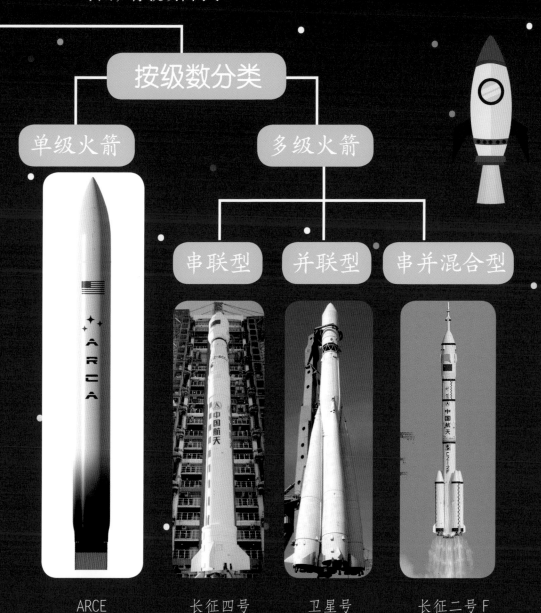

按级数分类

单级火箭

多级火箭

串联型　　并联型　　串并混合型

ARCE　　　　长征四号　　　　卫星号　　　　长征二号F

# 运载火箭的结构

　　运载火箭一般由头部整流罩、壳体、氧化剂贮箱、燃料贮箱、仪器舱、级间段、发动机和助推器组成。整流罩主要是在飞行过程中保护有效载荷。发动机提供动力。仪器舱中有计算机和导航设备,负责保持飞行的方向和姿态,传输数据,进行监测。所有系统组合成一个有效的整体,托举每一次完美的飞行。

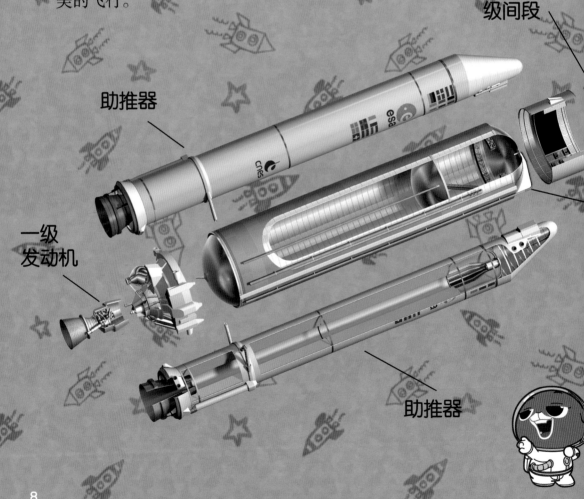

级间段

助推器

一级
发动机

助推器

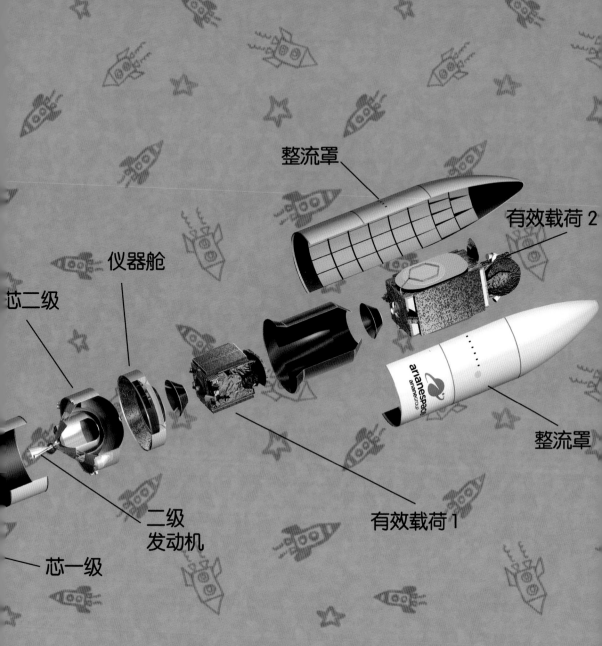

整流罩

有效载荷 2

仪器舱

芯二级

二级
发动机

芯一级

有效载荷 1

整流罩

arianespace
arianegroup

　　庞大的运载火箭大约有几十万个零部件，哪一个出现问题都可能会导致严重的故障，甚至箭毁星亡。所以，航天工作者都追求"零缺陷"的质量管理，工作中严谨务实，不容一丝马虎。

（图源：ESA）

# 运送巨无霸

    运载火箭的零部件是由很多企业制造的，它们分布在一个国家甚至全世界的很多地方。制造好了以后，所有零部件都必须运送到总装厂进行组装。大尺寸的火箭不方便进行公路或铁路远距离运输，这时，水运的优势就显示出来了。

    中国有两艘专门的火箭运输船——远望21号和远望22号。它们俩能用7天时间，把运载火箭安全地从天津港送到海口清澜港，然后，通过公路运送到海南文昌火箭发射场。

（图源：NASA）

# 拼积木、装火箭

运载火箭的装配是一项非常复杂的工作，但原理上和我们玩拼插积木差不多。下面，我们就拿目前世界上最大的运载火箭——美国的太空发射系统 (SLS) 当例子，来简单地看一看主要步骤吧！它已经在 2022 年 11 月 16 日成功实现了首飞。

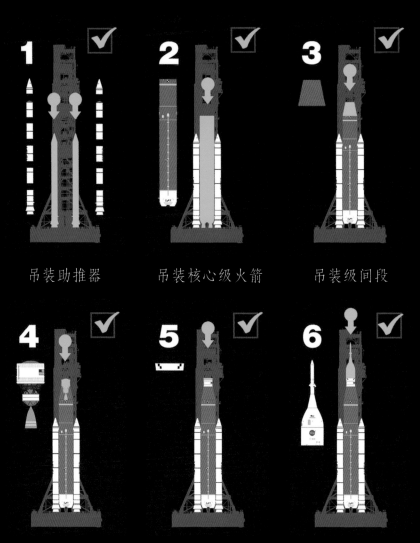

吊装助推器　　　　吊装核心级火箭　　　　吊装级间段

吊装过渡低温推进段　吊装猎户座级间适配器　吊装猎户座飞船

**SLS**

高度：98 米（载人型号）

　　　122 米（货舱型号）

核心级直径：8.4 米

近地轨道最大

有效载荷：70 吨（载人型号）

　　　130 吨（货舱型号）

（图源：NASA）

# 万无一失！

　　运载火箭组装好后，就要运送到发射台上，加注燃料，然后进行 2~3 次检查，包括全箭的加电检查，各系统的联合测试，以及与发射场指挥、控制和跟踪系统的联合演练。总之，必须确保万无一失。

　　其实，在组装之前，所有的系统和零部件都已经经过了非常非常严格的测试。比如，在长征五号的发动机研制过程中，工程师们通过测试发现了问题。改进之后的发动机，又经过了十几次测试，才被组装到运载火箭上。他们精益求精、一丝不苟的工作态度，确保长征五号顺利完成了一次又一次重要的发射任务。天问一号火星探测器、嫦娥五号月球探测器、中国空间站天和核心舱都是被长征五号送上太空征途的。因为这位大力士又高又壮，大家都亲切地叫它"胖五"。

（图源：NASA）

土星 5 号

土星 5 号

高度：110 米

第一级直径：10 米

近地轨道最大

有效载荷：118 吨

　　土星 5 号曾经是美国最大的运载火箭，它大约有 36 层楼那么高，灌满液体燃料后，大约有 400 头大象那么重。土星 5 号是当之无愧的大力士，地面推力达 3 400 多吨，阿波罗计划的航天员、登月舱和月球车都是由它送到月球的。而且，土星 5 号还非常安全可靠。从 1967 年到 1973 年，总共有 13 枚土星 5 号被发射升空，每一次都取得了成功！阿波罗登月任务结束后，美国转向研制航天飞机，土星 5 号英雄无用武之地，在 1973 年退役停产了。

（图源：NASA）

# 德尔塔 4 号重型

　　德尔塔 4 号重型是美国现役最高的运载火箭之一，它是液体火箭，属于串并混合型。德尔塔 4 号的第一级，就像三胞胎大力士紧紧地肩并肩站在一起；第二级就像小妹妹，抱着又昂贵又沉重的有效载荷坐在二哥肩头。当三胞胎大力士耗尽所有力气后，小妹妹启动自己的发动机，精确地把有效载荷送进预定轨道。这样，它们的任务就完成了！

德尔塔 4 号重型从 2004 年开始服役，它的成绩很优异，但也有明显的缺点，就是成本比竞争对手高很多。所以，年纪轻轻的它已经准备好退休，为更大更省钱的新一代运载火箭让路了。这其中，就有中国的长征九号哦！

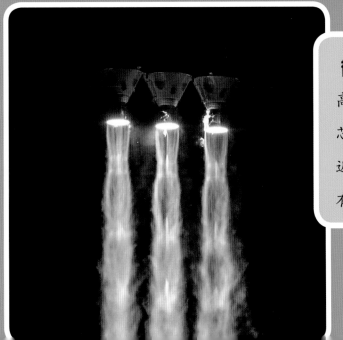

### 德尔塔 4 号重型

高度: 71.6 米

芯一级直径: 5 米

近地轨道最大

有效载荷: 28.79 吨

（图源: NASA）

联盟号

**联盟号**

高度：45.2 米

中部直径：3 米

近地轨道最大

有效载荷：8.2 吨

　　俄罗斯的联盟号是历史最悠久、到目前为止，发射次数最多的运载火箭。1967 年，它把与自己同名的联盟号宇宙飞船送进了太空，从此一举成名。后来，为国际空间站运送航天员和各类物资就成了联盟号最主要的任务，它是值得信赖的太空班车。半个多世纪以来，联盟号已经发展出几十个不同型号，成了一个大家族，家族成员执行的发射任务累计超过了 1 000 次。最多的时候，一年就发射了 60 次！

（图源：NASA）

# 阿丽亚娜 5

**阿丽亚娜 5**

高度：46 米

芯一级直径：5.4 米

近地轨道最大

有效载荷：17.96 吨

阿丽亚娜 5 是欧洲航天局运载火箭战队的主帅，是目前商业发射使用最多的火箭之一。从名字就可以看出，它的前面还有 4 位哥哥姐姐。它们都很优秀，在几十年的时间里，全世界差不多一半的商业卫星都是由阿丽亚娜系列运载火箭送入轨道的。阿丽亚娜 5 还没出生，就被寄予厚望，成百上千名科学家花费了 9 年心血来研制它。可惜，1996 年首飞失败了。不过，后来的飞行任务都很顺利。

　　阿丽亚娜 5 平均每年发射 5~6 次。因为个头大，力气也大，它运送的大多是大型卫星。而且，它还有项绝技，就是同时运送两颗大型卫星。这样，就大大地节省了发射成本。2021 年 12 月 25 日，阿丽亚娜 5 把 6.2 吨重的詹姆斯·韦布太空望远镜送进了预定轨道。现在，韦布太空望远镜正源源不断地向世人呈现迄今最清晰、最深远的宇宙图像，帮人类看清宇宙童年的模样。

（图源：ESA）

# H–IIA

日本 H–IIA 运载火箭是一种串并混合型火箭，共两级，根据任务的不同，它可以并联 2~4 个助推器。主火箭采用液体燃料，而助推器采用固体燃料。2001 年 8 月，H–IIA 运载火箭首次亮相就获得了成功。迄今为止，它已经执行了 18 次发射任务，其中 17 次顺利完成。后来，H–IIA 又有了一个胖弟弟——H–IIB。H–IIB 比哥哥小 12 岁，但它吸取了哥哥的经验和教训，运载能力更强了。现在，它们兄弟俩是日本运载火箭的主力军。

**H-IIA**

高度：53 米

芯一级直径：4 米

近地轨道最大

有效载荷：15 吨

（图源：NASA）

# 可以回收的火箭

……5、4、3、2、1，点火！

在震耳欲聋的轰鸣声中，巨大的运载火箭喷射着火焰，缓缓升空。然后，它越飞越快、越飞越高，消失在空中。

"助推器成功分离！""一二级火箭成功分离！""发射任务取得圆满成功！"

等等，分离的箭体和助推器都去了哪里？它们要么落进了汪洋大海，要么落到了荒漠戈壁等人烟稀少的地区。这其实挺浪费的。

## 猎鹰 9 号

高度：70 米

直径：3.7 米

近地轨道最大

有效载荷：22.80 吨

为了节约成本，美国太空探索公司的工程师们改进技术，让一级火箭和助推器稳稳地落下来，修理之后，装上燃料，下次再用，真是又环保又节约！目前，猎鹰 9 运载火箭已经成功回收 100 多次，有的火箭已经重复使用了 10 多次。中国的可重复使用运载火箭也已经进行了试飞，很快就要执行任务了！

**猎鹰 9 号重型**

高度：70 米

宽度：12.2 米

近地轨道最大

有效载荷：54.40 吨

（图源：NASA）

可重复使用，真棒！

（图源：NASA）

29

# 火箭畅想

　　运载能力有多大，航天的舞台就能够拓展多宽。飞得更高更快更远，一直是人类的梦想。那么，未来的运载火箭会是什么样子的呢?

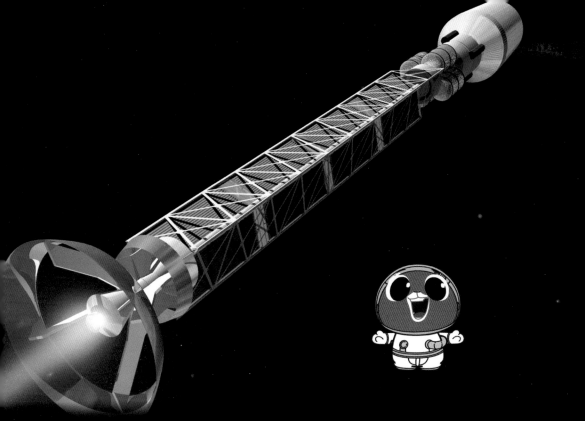

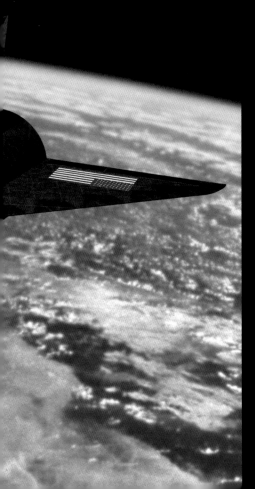

　　科学家和太空迷们已经提出许多设想，有核动力火箭，有电推力火箭，甚至有反物质火箭。伟大事业都始于梦想，基于创新，成于实践。亲爱的小读者，请你尽情放飞梦想，设计自己的火箭吧！或许有一天，它将去开创人类的未来！

（图源：NASA）

这些问题的答案都在书里哦！

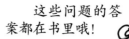

# 航天迷 问不倒

1. 长征二号F和长征五号哪个更高？

2. 如果按燃料分类，运载火箭可以分为几类？

3. 如果按级数分类，运载火箭可以分为几类？

4. 中国的火箭运输船叫什么名字？

5. 大家都亲切地管长征五号叫什么？

6. 土星5号有多高？

7. 德尔塔4号重型为什么要退休了？

8. 到目前为止，发射次数最多的运载火箭是哪个型号？

9. 可以回收利用的运载火箭是哪个型号？

10. 把詹姆斯·韦布太空望远镜送进太空的运载

    火箭是哪个型号？